# DIE BAUTEILE DER K-JETRONIC IM ÜBERBLICK

Nachfolgend sind die einzelnen Komponenten der K-Jetronic mit ihrer Funktion beschrieben.

# DAS PUMPENPAKET

In der Regel besteht das Pumpenpaket aus:

**1x Kraftstoffpumpe (ggf. 2 Pumpen in Reihe)**
**1x Druckspeicher**
**1x Kraftstofffilter**

Bei Mercedes ist dieses Pumpenpaket am Unterboden hinter der Hinterachse auf der rechten Seite befestigt und mit einer Kunststoffabdeckung geschützt.

# DIE KRAFTSTOFFPUMPE

Die Rollenzellenpumpe zieht den Kraftstoff aus dem Tank und drück diesen durch den Druckspeicher und Filter vor zum Mengenteiler. Die Pumpe selbst hat ein Ventil verbaut, welches zum einen den Druck im System aufrecht hält und einen zu hohen Druck verhindert.

# Kraftstoffpumpe

# DER DRUCKSPEICHER

Der Druckspeicher befindet sich ebenfalls im Pumpenpaket. Der Druckspeicher hat eine Hauptaufgabe, den Kraftstoffdruck beim Abstellen des Fahrzeuges über einen gewissen Zeitraum zu halten, somit wird im warmen Zustand ein schnelleres Anspringen des Wagens gewährleistet. Durch diesen Haltedruck wird im Betriebswarmen Zustand die Blasenbildung im Kraftstoffsystem verhindert.

## Druckspeicher

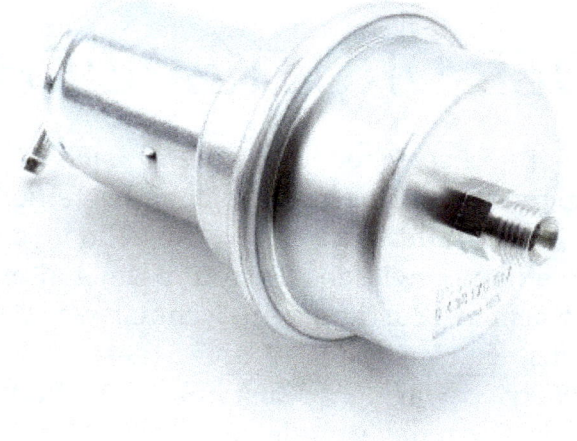

# DER KRAFTSTOFFFILTER

Der Kraftstofffilter verhindert das, evtl. Verunreinigungen des Kraftstoffes am Mengenteiler ankommen. Komponenten welche das System vor verschmutzten Kraftstoff schütz sind somit:

**Das Tanksieb:** Am tiefsten Punkt im Kraftstofftank angeordnet verhindertes, dass Ablagerungen im Tank in die Kraftstoffleitungen gelangen und in erster Linie die Pumpe verschmutzt.

**Der Kraftstofffilter (Pumpe):** Filtert den Kraftstoff nach der Pumpe.

**Kraftstofffilter**

**Kraftstofffilter (Mengenteiler):** Am Mengenteiler Kraftstoffzulauf sitzt im Anschluss ein weiteres Kunststoffsieb, welches evtl. Verunreinigungen in den Kraftstoffleitungen den Zugang zum Mengenteiler abhält.

# DER WARMLAUFREGLER

Der Warmlaufregler befindet sich direkt am Motor um von diesem zusätzlich zur elektrischen Heizung temperiert zu werden. Bei den Mercedes 8 Zylinder Motoren im vorderen Bereich in der Nähe der Wasserpumpe, bei den 6 Zylinder Modellen von Mercedes am Block auf der linken Seite (besser von unten zu erreichen), bei den 4 Zylinder Motoren (M102) unterhalb der vorderen Befestigung des Luftfilterkasten.

Der Warmlaufregler sorgt für eine Anreicherung des Gemisches bei kaltem Motor. Die Kraftstoffdurchflussmenge wird bei kaltem Motor oder bei Volllast erhöht. Je nach Ausführung des Warmlaufreglers wird dieser zur Volllastanreicherung mit einer oder zwei Unterdruckleitungen angesteuert. Wenn sich der Warmlaufregler erwärmt steigt der Steuerdruck und die Schlitze im Mengenteiler lassen weniger Kraftstoff zu den Einspritzventilen. Für die Warmlaufregler gibt es verschiedene Reparatursätze, dazu später bei der Prüfung mehr. (Bild)

# DAS KALTSTARTVENTIL

Im kalten Zustand benötigt der Motor mehr Kraftstoff und Luft, der zusätzlich benötigte Kraftstoff wird vom Kaltstartventil geliefert. Das Kaltstartventil wird elektronisch angesteuert und spritz nur ein, wenn dieses bestromt wird. Der vorgeschaltete Thermoschalter gibt vor bis zu welcher Temperatur und wie lange das Kaltstartventil einspritzt.

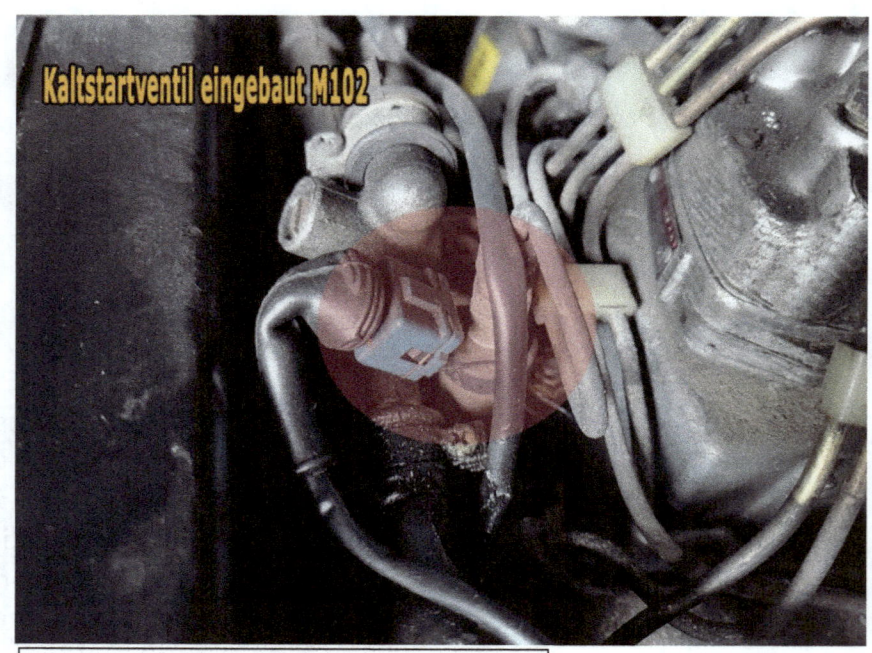

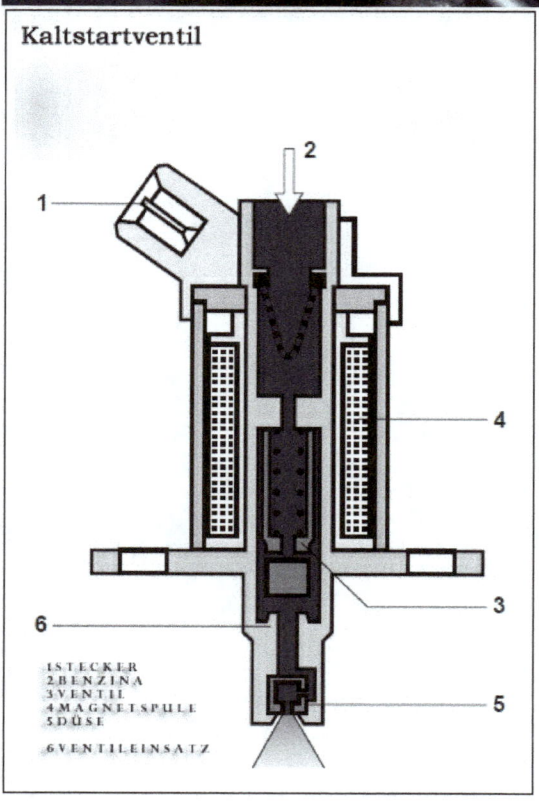

Kaltstartventil

1 STECKER
2 BENZIN
3 VENTIL
4 MAGNETSPULE
5 DÜSE
6 VENTILEINSATZ

# DER ZUSATZLUFTSCHIEBER

Der Zusatzluftschieber versorgt im kalten Zustand den Motor mit zusätzlicher Luft bis zum erreichen der Betriebstemperatur verringert sich der Querschnitt im Luftschieber sodass weniger Luft zur Verbrennung bereitgestellt wird. Mit erreichen der Betriebstemperatur wird der Zusatzluftschieber komplett verschlossen.

# GEMISCHREGLER

Der Gemischregler als Ganzes beherbergt 3 Bauteile der K-Jetronic, den Luftmassenmesser mit der Stauscheibe und den auf dem Gehäuse sitzenden Mengenteiler (mit Ober- Unterkammer und Steuerkolben). Die Stauscheibe ist mit dem im Mengenteiler untergebrachten Steuerkolben verbunden und regelt abhängig vom Stand der Stauscheibe die Kraftstoffmenge, welche von der Oberkammer aus zu den Einspritzventilen gelangt.

# R107 SCHRAUBER MYTHOS K-JETRONIC

**Mengenteiler K-Jetronic 4 Zylinder M102**

1 Anschluss WLR
2 Kraftstoffanschlüsse zu den Einspritzventilen
3 Kraftstoffrücklauf Tank
4 Kraftstoffzulauf
5 Anschluss Kaltstartventil
6 Rücklauf WLR

**Mengenteiler K-Jetronic 6 Zylinder M110**

1 Anschluss WLR
2 Kraftstoffanschlüsse zu den Einspritzventilen
3 Verschlussscheambe Druckausgleichventil
4 Kraftstoffrücklauf Tank
5 Rücklauf WLR
6 Kraftstoffzulauf
7 Systemdruckregler

# DER SYSTEMDRUCKREGLER

Der Systemdruckregler sitzt im Mengenteiler und regelt, wie der Name schon sagt, den Systemdruck. Er hält den Druck auf über 5 bar und verhindert ein Überdruck ab ca. 5,7 bar.

# DIE EINSPRITZVENTILE

Die Einspritzventile arbeiten anders als bei der D-Jetronic rein mechanisch, wird der Steuerdruck erreicht, öffnet das jeweilige Ventil.

Zusätzlich zu den mechanischen Komponenten müssen bei Beanstandungen und die daraus resultierende Fehlersuche auch die elektronischen Bauteile erwähnt werden und im weiteren Verlauf bei den Prüfmethoden mit betrachtet werden.

# BAUTEILE DER MOTORENSTEUERUNG (ELEKTRONISCH)

Während der Einsatzzeit der K-Jetronic wurden aufgrund von Umweltvorschriften die zusätzlich elektronische Steuerung notwendig.

Die Lambdasondenregelung (KA-Jetronic)

Die O2-Sonde sitzt zwischen Abgaskrümmer und der Katalysatoreinheit und misst den Sauerstoffgehalt im Abgas, diese Werte werden an das Steuergerät gemeldet. Das Steuergerät verändert die Frequenz zum zusätzlich eingebauten Taktventil, was direkten Einfluss auf den Unterkammerdruck im Mengenteiler hat, somit lässt sich die Kraftstoffmenge und die Gemischaufbereitung ständig verändern.

Kraftstoffpumpenrelais und Überspannungsschutzrelais.

Das Kraftstoffpumpenrelais regelt den Steuerstrom der Kraftstoffpumpe und die Einschaltzeit der Pumpe bei eingeschalteter Zündung. (Bild)

Das Überspannungsschutzrelais schützt die Steuergeräte vor Überspannung. Diese sind in der Regel mit einer oder zwei Sicherungen ausgestattet.

JOCHENJAHN

# PRÜFUNGEN DER K/ KA-JETRONIC

# ALLGEMEINE SICHERHEITSHINWEISE

Arbeiten an Kraftfahrzeugen insbesondere an der Motorentechnik setzen ein hohes Maß an Fachkenntnissen voraus. Die hier beschriebenen Prüfmethoden ersetzen keinesfalls die Werkstattunterlagen der Hersteller, die Beiträge dienen als Anregung und Informationsweitergabe, sollten Sie nicht über die notwendige Befähigung verfügen, um Arbeiten und Reparaturen an Kraftfahrzeugen durchzuführen, beauftragen Sie unbedingt für Reparaturen und Wartungen die jeweiligen Fachwerkstätten. Für Schäden oder Verletzungen wird keine Haftung übernommen.

Bei den Prüfungen kann beim Abschließen von Kraftstoffleitungen oder Ausbau von

Bauteilen der Kraftstoffanlage Kraftstoff austreten bzw. unter Druck strahlförmig spritzen! Benzin und Benzindämpfe sind hochendzündlich! Im Bereich der Zündanlage treten Hochspannungen auf, bei laufendem Motor auf keinen Fall Teile der Zündanlage mit bloßen Händen berühren! Verschiedene Bereiche am Fahrzeug entwickeln bei Betrieb hohe Temperaturen, wie der Abgasanlage, Motor, Kühler und Kühlwasserleitungen, Verbrennungsgefahr! Vorsicht vor bewegende Teile bei laufendem Motor, wie der Viscolüfter und Kardanwelle. Um Verletzungen zu vermeiden entsprechende Schutzbekleidung tragen!

Vorsicht beim Anschließen von Mess- und Prüfinstrumenten. Durch falsches Anschließen können Bauteile beschädigt werden!

# PRÜFMITTEL UND WERKZEUGE

Zur Prüfung und Fehlersuche werden folgende Geräte benötigt:

Kraftstoffdruckmanometer bis min. 10 bar und entsprechende Anschlüsse und Leitungen.

Digitales Multimeter (Voltmeter) zusätzlich ein analoges Voltmeter

Schlitz- und Kreuzschlitzschraubendreher in verschiedenen Größen.

Flachzange und Kombizange

Gefäße mit Maßeinheiten

Schraubenschlüssel mit Schlüsselaufsätze 8mm, 10mm, 12mm, 13mm und 14mm
Offene Ringschlüssel (Kraftstoffleitungen) SW 10mm, 12mm, 14mm und 15mm

Vakuumpumpe

**BEVOR BEI BEANSTANDUNGEN MIT DER FEHLERSUCHE AN DER K-JETRONIC GESTARTET WIRD, MÜSSEN FOLGENDE BAUTEILE UND EINRICHTUNGEN EINWANDFREI FUNKTIONIEREN!**

**Motor:**

Das Aggregat ist mechanisch funktionstüchtig. Alle Entlüftungsleitungen und Unterdruckanschlüsse, Leitungen und Übergänge wurden geprüft.

Die Steuerzeiten sowie die Kompression in allen Zylindern wurden geprüft.
Der Motor zieht keine Falschluft (gerade im Bereich der Ansaugbrücke und Einspritzdüsen).

# ZÜNDUNG:

Zündspule und Zündverteiler wurden geprüft. Im Zündverteiler wurde der Unterbrecher, die Zündkappe und der Verteilerfinger geprüft.
Alle Zündkabel wurden auf poröse Stellen geprüft und die Widerstände gemessen. Zündkerzen wurden gewechselt bzw. gereinigt (Auch prüfen ob die richtigen Zündkerzen eingeschraubt sind).

# DIE KRAFTSTOFFVERSORGUNG

Lässt sich das Fahrzeug nicht starten ist als erstes das Kraftstoffsystem zu prüfen.

1. Zündung einschalten, die Kraftstoffpumpe muss für ca. 3 Sekunden hörbar laufen.
    - Pumpe läuft nicht: Spannungsversorgung mittels Multimeter an der Pumpe selbst prüfen. Liegt Spannung an Pumpe erneuern.
    - Liegt keine Spannung an dem Pumpenanschluss an, Sicherungen und Überspannungsschutzrelais prüfen, Sicherungen i.O. Kraftstoffpumpenrelais prüfen.
2. Prüfung Kraftstoffpumpenrelais (KPR)
    - Belegung des KPR bei Mercedes

87 Spannungsversorgung
30 Dauerplus
15 Plus über Zündschloss
31 Masse
50 Signal Starter und Ansteuerung Kaltstartventil

    - Steckplatz KPR prüfen, dazu KPR abziehen
        1. Prf. Multimeter mit – an Fahrzeugmasse

und + an Steckplatz (Buchse) 30. Zündung ist ausgeschaltet Multimeter zeigt Batteriespannung an.
2. Prf. Multimeter mit – an Fahrzeugmasse und + an Steckplatz 15 (Plus über Zündschloss) Zündung ist angeschaltet Multimeter zeigt Batteriespannung an.
3. Prf. Multimeter mit – auf Buchse 31 und + an Steckplatz 30 Zündung eingeschaltet Multimeter zeigt Batteriespannung an.

Die Batteriespannung sollte zur Prüfung über 12V sein.

- KPR prüfen, dazu KPR auf den Steckplatz etwas einstecken, sodass die Prüfklemmen vom Multimeter noch angeschlossen werden können.
  1. Prf. Multimeter + auf 87 – auf Fahrzeugmasse, Motor starten, Multimeter zeigt Batteriespannung an.

Kraftstoffpumpenrelais brücken und Kraftstoffpumpe direkt ansteuern.

- KPR abnehmen, am Steckplatz Buchse 30 und 87 brücken, Pumpe muss anlaufen.

Funktioniert die Kraftstoffpumpe beim Brücken und zeigt die Prüfung des KPR Steckplatz keine Fehler, so muss das KPR getauscht werden. Die Platine des KPR kann auf kalte Lötstellen überprüft werden.

# KRAFTSTOFFPUMPE AM MENGENTEILER PRÜFEN*

Geprüft wird die Durchflussmenge zum Mengenteiler. Kann die Pumpe genügend Kraftstoff fördern in der vorgegebenen Zeit?

1. Prf. Stromaufnahme Pumpe

Das KPR wird abgesteckt, mit einem Multimeter (Ampere) die Stromaufnahme prüfen, dazu – auf Steckplatz (Buchse) 7 (87) und + auf Steckplatz 8 (30) ((Bei Fahrzeugen vor 1981 Steckplatz 1 und 2 nutzen)), der Sollwert bei Fahrzeugen vor 1981 liegt bei 11-11,2A und nach 1981 bei 6-10A

2. Prf. Kraftstoffödermenge

Kraftstoffrücklauf am Mengenteiler abschließen. Am Rücklauf Mengenteiler wird nun eine Prüfleitung angeschlossen, die Leitung (Schlauch sollte länger als 50cm sein, somit kann die Leitung in min. 1 Liter Messbecher gehalten werden. Stoppuhr bereithalten, Prüfleitung in Messbecher halten, Steckplatz KPR 7 und 8 brücken. Die Fördermenge muss bei gebrückten KPR in 30 Sekunden mindestens 1 Liter Kraftstoff betragen (meist wird 1 Liter in weniger als 20 Sekunden erreicht). Siehe Bilder (gezeigt an einem Mercedes W126 280SE von 1985)

Die Kraftstoffödermenge sollte gemessen am Rücklauf nach 30 Sekunden mehr als 900ml betragen. Wird diese Menge nicht erreicht, trotz korrekter Spannungsversorgung der Pumpe, sind die Kraftstofffilter, Tanksieb und evtl. das Zulaufsieb am Mengenteileranschluss auf Verunreinigungen zu prüfen. Manchmal kommt es vor das die Kraftstoffleitungen verdreckt oder verengt sind, zweiteres kann durch falsches Ansetzen von Wagenheber oder Hebebühnen vorkommen.

\* Beim Anschließen der Prüfgeräte kann es durch Kurzschlüsse zu Beschädigungen kommen! Korrekte Polarisierung beachten! Achtung beim Abschließen von Kraftstoffleitungen, Augenschutz verwenden!

# KALTSTARTVENTIL UND THERMOSCHALTER PRÜFEN.

Das Kaltstartventil wird ausgeschraubt (Halteklammer und Stecker entfernen) ggf. Kraftstoffleitung zuvor abschrauben (Achtung! Auf der Kraftstoffleitung zum Kaltstartventil liegt ein hoher Leitungsdruck an! Anschluss der Kraftstoffleitung langsam öffnen, Tücher bereithalten und Augenschutz tragen!)

Ausgebautes Kaltstartventil mit der Ventilöffnung in einen Messbecher (transparent) halten und die Kraftstoffleitung und Stromversorgung wieder anschließen.

Fahrzeug starten, das Kaltstartventil zerstäubt den Kraftstoff fein in das Messgefäß (diese Prüfung lässt sich nur bei kaltem Motor durchführen! Abhängig vom Thermoschalter und der Temperatur des Kühlwassers wird die Spannungsversorgung zum Kaltstartventil freigeschaltet. Bei einigen Thermoschaltern oder Thermozeitschaltern ist am Gehäuse die Temperatur und die Zeit eingeprägt. Generell sollte die Kühlwassertemperatur unter 35° Celsius liegen).

Kaltstartventil sprüht bei Temperaturen unter 35° Celsius

nicht ein.

### 1. Prf. Kaltstarventil und Thermoschalter

Stromanschluss am Kaltstartventil abstecken und mittels Multimeter (oder Prüflampe) beim Startvorgang die Ansteuerung prüfen.

Findet keine Ansteuerung des Kaltstartventils statt, Stecker am Thermoschalter abziehen, Multimeter auf Widerstandsmessung, Anschluss G gegen Masse am Gehäuse des Thermoschalters prüfen, Sollwerte: 100-200Ohm

### 2. Prf. Kaltstartventil und Thermoschalter

Multimeter auf Widerstandsmessung, Anschluss W gegen Masse, Sollwert: 100-300Ohm.

### 3. Prf. Kaltstartventil und Thermoschalter

Multimeter auf Widerstandmessung, Anschluss G und W, Sollwert: 50-80 Ohm.

Die Werte beziehen sich auf eine Temperatur von ca. 30° Celsius

Stimmen die Werte nicht, muss der Thermoschalter gewechselt werden. Die Werte beziehen sich auf einen Mercedes W126 280SE Baujahr 1985, jeweilige Herstellerangaben beachten!

### 4. Prf. Kaltstartventil und Thermoschalter über Steckplatz KPR

Multimeter auf Spannungsmessung – an Fahrzeugmasse und + an Steckplatz 50, Motor starten, während des Starvorganges muss Bordspannung anliegen.

Werden die vorgegeben Werte am Steckplatz des KPR

nicht erreicht bzw. fehlen komplett ist die Verkabelung gem. Schaltplan Fahrzeug zu prüfen. Zusätzlich sind die Metallhülsen (Buchsen) am Steckplatz zu prüfen, zu weit aufgebogene Buchsen führen zu Kontaktproblemen.

# DER WARMLAUFREGLER (WLR)

Der Warmlaufregler sorgt für die Gemischanreicherung bei kalten Motoren. Je nach Motorisierung und Baujahr kamen während der Einsatzzeit der K-Jetronic verschiedene Warmlaufregler zum Einsatz. Die Warmlaufregler sind alle am Motor (oder dicht am Motor) befestigt, zusätzlich haben die Warmlaufregler eine elektronische Heizung. Bei warmen Motoren erhöht sich der Steuerdruck und der Steuerkolben verschließt mehr die Steuerschlitze im Mengenteiler, dadurch wird weniger Kraftstoff für die Verbrennung bereitgestellt. Einige Warmlaufregler haben einen Unterdruckanschluss für die Volllasterkennung, der Steuerdruck fällt bei Volllast zusammen und der Steuerkolben lenkt weiter aus, mehr Kraftstoff wird durch die Steuerschlitze bereitgestellt.

Die Warmlaufregler sind abhängig von der Motorisierung unterschiedlich verbaut, Bei Mercedes Modellen mit dem M110 befindet sich der Warmlaufregler wohl an der ungünstigsten Stelle für Prüf- und Reparaturarbeiten.

Zuerst schaut man ob die Unterdruckleitung am Warmlaufregler richtig angeschlossen ist, der WLR äußerlich keine Beschädigungen aufweist und die Kraftstoffleitungen dicht sind.

1. Prf. Steuerdruck WLR

Für die Prüfung benötigt man ein Manometer und ein T-Stück. Die Rücklaufleitung vom Warmlaufregler wird am Mengenteiler abgeschlossen und das T-Stück zwischen Mengenteiler und Leitung zum WLR angeschlossen (siehe Bild, der Anschluss am Mengenteiler erleichtert deutlich das Anschließen der Prüfinstrumente).

- Motor starten, bei kaltem Motor beträgt der Steuerdruck WLR ca. 0,5 bar (Herstellerangaben beachten), bei warmen Motor abhängig vom verbauten WLR bis auf 4,0 bar

Ist der jeweilige Druck zu hoch ist entweder die Rücklaufleitung vom WLR verschmutzt oder der Systemdruckregler defekt, falsch eingestellt oder verschmutzt, bei zu hohem Druck auf alle Fälle die Leitung vom WLR zum Systemdruckregler Mengenteiler und die Leitung (zum Einstellen und Prüfen des Systemdruckreglers später mehr). Ist der Druck zu niedrig, muss man von einer Undichtigkeit im WLR ausgehen.

2. Prf. Unterdruckprüfung mit Vakuumpumpe

- Der Prüfaufbau mit angeschlossenem Manometer bleibt wie bei der 1. Prf. bestehen.

- Unterdruckschlauch am WLR abziehen und eine Vakuumpumpe anschließen. Beim Betätigen der Pumpe sinkt der Druck.

- Bei Druckdifferenzen auch immer die Siebe der Kraftstoffleitungen auf Verunreinigungen prüfen!

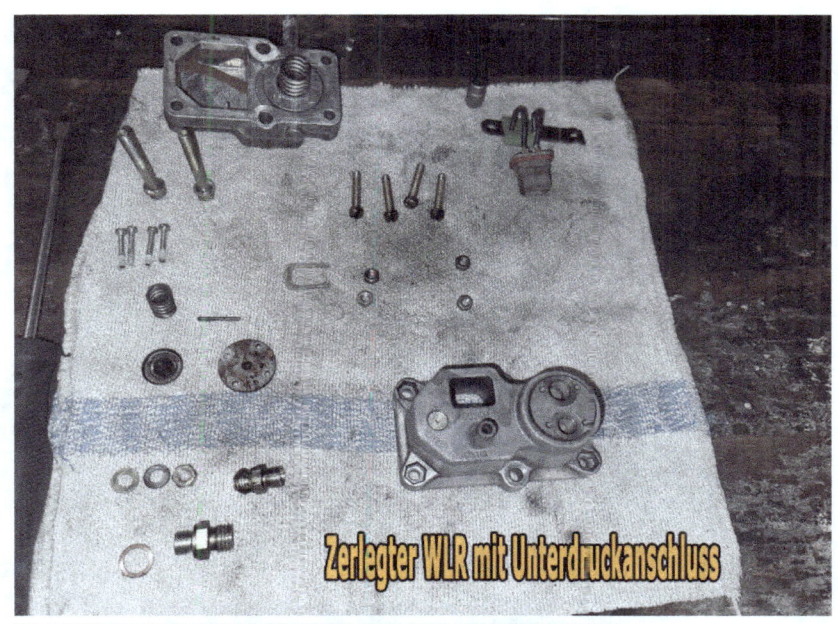

Zerlegter WLR mit Unterdruckanschluss

Siebe der Kraftstoffleitungen am WLR im gereinigtem Zustand

# DER ZUSATZLUFTFILTER (ZLS)

Der Zusatzluftschieber (später Leerlaufsteller elektronisch angesteuert) sorgt bei kaltem Betriebszustand für zusätzliche Verbrennungsluft. Bei der D-Jetronic funktioniert der Zusatzluftschieber rein mechanisch und ist zur Erwärmung im Kühlmittelkreislauf integriert. Bei der K-Jetronic wird der Zusatzluftschieber elektronisch angesteuert und beheizt, der Querschnitt welcher mehr oder weniger Luft zur Verbrennung liefert, verringert sich bei steigender Betriebstemperatur.

1.Prf. Die Spannungsversorgung am Zusatzluftfilter wird abgezogen

- Prüfen, ob Bordspannung am 2 poligen Stecker anliegt.

Spannung liegt an – Ausbau ZLS und ZLS im ausgebauten Zustand mit 12V bestromen, die Blende muss sich nach wenigen Minuten nahezu komplett verschließen, reagiert der ZLS nicht, ZLS tauschen.
Spannung liegt nicht an – Verkabelung zum KPR prüfen (Durchgangsprüfung).

2. Prf. Elektrische Heizung am ZLS prüfen.

- Multimeter Widerstandsmessung am

elektrischen Anschluss ZLS – der Widerstandswert beträgt ca. 40 Ohm.

Nicht funktionierende ZLS führen entweder zum Absterben des Motors oder zu hohen Leerlaufdrehzahlen. Oftmals sind die ZLS durch Jahrzehnte langem Einsatz stark verschmutzt. Der ZLS kann im Ultraschallbad gereinigt werden.

# DER MENGENTEILER

Prüfungen am Mengenteiler beziehen sich in 1. Linie auf eine Kraftstoffdruckmessung und auf eine Sichtprüfung der einzelnen Anschlüsse, hierzu werden auch die Anschlussstücke der Kraftstoffzuleitungen geprüft. Einige Mengenteiler haben bei den Anschlussstücken zusätzliche Siebe, diese Siebe sind auf Verunreinigungen zu prüfen.

1. Prf. Systemdruckprüfung
   - An der Oberkammer wird der Anschluss zum Kaltstartventil abgeschraubt, am Mengenteiler wird die Leitung zum Manometer angeschlossen.
   - KPR abziehen und mit einer geeigneten Brücke* Buchse 30 und 87 brücken (Platz 7 und 8 oder 1 und 2)
   - Kraftstoffpumpe läuft an, Druck ablesen und Herstellerdaten beachten, ein Wert zwischen 4,8 – 6,4 bar (abhängig von der Motorisierung) sollte angezeigt werden.
- Passt der Systemdruck um bleibt konstant – Kraftstoffversorgung und Systemdruckregler im Mengenteiler i.O.
- Ist der Wert zu hoch – Rücklaufleitung zum Tank abschrauben und auf Durchgang prüfen. Ist der Wert dennoch zu hoch – Leitung zum Druckregler auf Durchgang prüfen – Wert dennoch zu hoch – Mengenteiler auswechseln bzw. instandsetzen.
- Ist der Wert zu gering – Kraftstofffördermenge prüfen.

2. Prf. Kraftstofffödermenge
    - Die Rücklaufleitung vom Mengenteiler zum Tank wird abgeschraubt.
    - Eine Prüfleitung wird in geeigneter Länge an den Rücklauf angeschlossen.
    - Das Ende der Prüfleitung in ein Messgefäß (min. 1L).
    - KPR abziehen und Buchse 30 und 87 brücken, sobald Pumpe läuft, Zeit stoppen. (wie Prf. 1)
- Die geförderte Kraftstoffmenge sollte bei 30 sec. Min. 500ml betragen (Herstellerangaben beachten!)
- Sollte die Menge zu gering sein, Spannungsversorgung der Pumpe prüfen, Tanksieb und Filter wechseln.

*Anmerkung*

Bei nicht Erreichen der Drücke bzw. der geförderten Menge an Kraftstoff, immer die Siebe in den Anschlüssen am Mengenteiler prüfen!

3. Prf Haltedruck

- Prüfaufbau wie Prf. 1
- Liegt beim Brücken von Buchse 30 und 87 der Systemdruck an und ist dieser i.O., Brücke entfernen und Stoppuhr anschalten.
- Der Druck fällt nach Abstellen der Pumpe (Pumpen) auf 2,7-3,3 bar ab (Herstellerdaten beachten), dieser Druck muss für min. 10 Minuten konstant bleiben, nach ca. 30 Minuten muss noch ein Druck von 2,2 bar anliegen.
- Fällt der Druck direkt nach dem Abstellen der Pumpe (Pumpen) auf unter 2 bar oder sogar auf 0 bar – Druckspeicher kontrollieren, Systemdruckregler kontrollieren.

**Mengenteiler K-Jetronic 4 Zylinder M102**

1 Anschluss WLR
2 Kraftstoffanschlüsse zu den Einspritzventilen
3 Kraftstoffrücklauf Tank
4 Kraftstoffzulauf
5 Anschluss Kaltstartventil
6 Rücklauf WLR

**Mengenteiler K-Jetronic 6 Zylinder M110**

1 Anschluss WLR
2 Kraftstoffanschlüsse zu den Einspritzventilen
3 Verschlussscheaube Druckausgleichventil
4 Kraftstoffrücklauf Tank
5 Rücklauf WLR
6 Kraftstoffzulauf
7 Systemdruckregler

* Es empfiehlt sich elektronische Brücken mit eingebautem Widerstand zu verwenden.

# DER DRUCKSPEICHER IM PUMPENPAKET

Der hält den Haltedruck nach abstellen des Motors im betriebswarmen Zustand, der Kraftstoff wird im System gehalten und erleichtert das erneute Starten. Zusätzlich verhindert der Druckspeicher die Blasenbildung in den Kraftstoffleitungen.

1. Prf. Funktion Druckspeicher

- Schlauch am Druckspeicher abziehen und sofort verschließen (Achtung Kraftstoff tritt aus, Auffanggefäße bereithalten und Augenschutz tragen, offenes Licht vermeiden).
- Zündung einschalten, Kraftstoffpumpe lauf kurz an und Druck wird aufgebaut.

- Es darf nun kein Kraftstoff aus dem Druckspeicher fließen – tritt Kraftstoff aus – Druckspeicher erneuern.

# Druckspeicher

# DIE EINSPRITZDÜSEN

Die Einspritzdüsen bei der K-Jetronic funktionieren rein mechanisch und öffnen i.d.R. bei ca. 2,7bar.

1. Prf. Kraftstoffmengenvergleichsmessung
    - Die Einspritzventile/ Düsen lösen und abziehen, Kraftstoffleitungen an die Einspritzventile im ausgebauten Zustand wieder anschließen.
    - Ausgebaute und angeschlossene Einspritzventile möglichst gleich anordnen und in gleiche Messbecher legen.
    - KPR abziehen und Buchse 30 und 87 brücken.
- Stoppuhr bereithalten.
- Stauscheibe etwas auslenken und in dieser Position mit geeignetem Werkzeug für 1 Minute halten.
- Die Messbecher müssen sich innerhalb einer Minute gleich füllen.
- Stand der Stauscheibe ändern und erneut eine Vergleichsmessung durchführen. Unabhängig der Auslenkung der Stauscheibe muss die Menge der einzelnen Messbecher untereinander immer gleich sein.
- Zusätzlich ist bei dieser Prüfung das Sprühbild der Einspritzdüsen zu begutachten.
- Sollte die Menge in den einzelnen Messbecher variieren, ist die gleiche Prüfung ohne Einspritzdüsen zu wiederholen – sollte nun die Menge zu jedem Messbecher identisch sein – so ist das entsprechende Einspritzventil zu wechseln. Ist die Fördermenge ohne Einspritzventile dennoch unterschiedlich – sind zunächst die Kraftstoffleitungen zu

den Einspritzventilen auf Verunreinigungen zu prüfen – sollte dies nicht zum Erfolg führen – ist der Mengeteiler zu tauschen oder zu reparieren.

## DIE LÄNGE DER LEITUNGEN PASSEN JEWEILS NUR

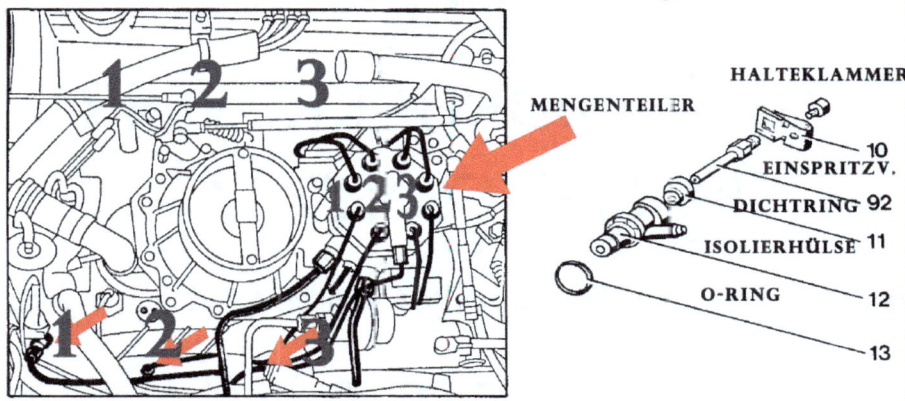

## AN DIE ENTSPRECHENDEN ANSCHLÜSSE!

Ordnungsgemäßes

Sprühbild Einspritzventile/ Düsen

# DER SYSTEMDRUCKREGLER IM MENGENTEILER

Der Systemdruckregler hält einen konstanten und korrekten Systemdruck.

Sollte bei den bisherigen Kraftstoffdruckprüfungen Unstimmigkeiten aufgetreten sein, welche durch die bisherigen Maßnahmen nicht beseitigt werden konnten, so ist eine Prüfung und evtl. Einstellung des Systemdruckreglers notwendig.

1. Sichtprf. Und Reinigung

   Zum Ausbau Systemdruckregler
   - Kraftstoffrücklaufleitung am Mengenteiler abschließen (dadurch wird der Druck im System abgebaut und die Verschlussschraube Systemdruckregler kann geöffnet werden.
   - Verschlussschraube öffnen – Systemdruckregler herausnehmen (vorsichtig entnehmen!)
   - Systemdruckregler reinigen und O-Ring am Reglerkolben erneuern.

   Einstellarbeiten

Der Systemdruckregler kann über Distanzscheiben eingestellt werden. I.d.R. entspricht eine Einstellscheibe einer Änderung von 0,2 bar am Systemdruck.

Anmerkung:

Der Reglerkolben kann bei einem Defekt nicht getauscht werden. In diesem Fall ist ein neuer Mengenteiler zu installieren. Vor allen Einstellarbeiten ist auf eine gut funktionierende Kraftstoffpumpe und freie Leitungen zu achten!

Systemdruckregler am Mengenteiler M110

# UNTERDRUCKSYSTEME UND MAGNETVENTILE

Unterdruckleitungen, Unterdruckanschlüsse, Magnetventile, Rückschlagventile und Druckdosen übernehmen bei der K-Jetronic und KE-Jetronic verschiedene Aufgaben. Die zum Einsatz kommenden Unterdruckleitungen variieren in Abhängigkeit zur Motorisierung, Ausstattung und Baujahr des jeweiligen Fahrzeuges. Die Prüfungen beziehen sich als erstes auf eine reine Sichtprüfung:

1. Sind alle Unterdruckschläuche angeschlossen?
2. Sind die Gummiübergänge und Anschlüsse i.O.?
3. Sind die Leitungen dicht und weißen keine Risse auf?

Die Unterdruckleitungen laufen i.d.R. von der Ansaugbrücke zu den jeweiligen Endverbrauchern, entweder direkt oder über Magnet und/ oder Druckventile.

Die Druckleitungen lassen sich mit einer Vakuumpumpe prüfen

1. Prf. Leitungen auf Dichtigkeit prüfen.
    - Unterdruckleitung an beiden Enden abziehen (mit Gummianschlüsse) – eine Seite der Leitung luftdicht verschließen – am anderen Ende

eine Vakuumpumpe anschließen und einen Unterdruck aufbauen – wird der Unterdruck beim Betätigen der Pumpe gehalten, so ist die Leitung mit den Anschlussstücken i.O.

2. Prf. elektrisch angesteuertes Magnetventil
- Magnetventile werden 2 polig elektronisch angesteuert und haben i.d.R. einen Unterdruckeingang- und Ausgang.
- Stecker Stromanschluss abziehen, Multimeter auf Widerstandsmessung – Sollwert 10-40 Ohm.

3. Prf. elektrisch angesteuertes Magnetventil (Druckprüfung)
- Unterdruckschlauch der Vakuumpumpe am Eingang Magnetventil anschließen und Vakuum aufbauen – wenn das Ventil nicht angesteuert wird, ist der Durchgang zwischen Ein- und Ausgang am Ventil gesperrt – der Unterdruck wird gehalten. Wird nun das Ventil angesteuert muss sich der Unterdruck sofort abbauen.

4. Prf. Rückschlagventile prüfen.

Rückschlagventile habe nur eine Durchlassrichtung, die Richtung ist entweder farblich markiert oder mit einem Pfeil angegeben. Unterdruckschlauch in Durchlassrichtung abziehen und mit einer Vakuumpumpe Unterdruck aufbauen – es darf sich kein Unterdruck aufbauen. Unterdruckschlauch entgegen der Durchlassrichtung abziehen und Unterdruckpumpe anschließen – Unterdruck wird aufgebaut und gehalten.

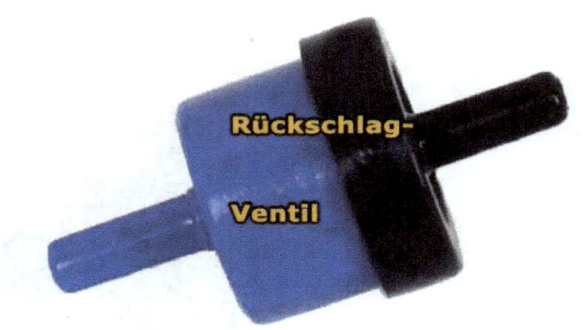

# ZUSATZSYSTEME ZUR ERWEITERUNG VON K-JETRONIC AUF KA-JETRONIC

Durch Umweltvorgaben wurde im Laufe der Zeit die K-Jetronic um elektronische Komponenten erweitert. U.a. mit einer Lambdaregelung.

Die Lambdasonde lässt sich wie folgt prüfen.

1.Prf. Sonde auf Verschmutzung prüfen
- Lambdasonde aus der Abgasanlage rausschrauben.
- Sonde auf Verunreinigungen prüfen und ggf. reinigen.

2. Prf. elektronische Anschlüsse.
Die Lambdasonde hat i.d.R. 2 Anschlüsse die meist im Fußraum der Beifahrerseite untergebracht sind.
- Von der einzelnen Leitung den Stecker abstecken. Stecker zur Lambdasonde gegen Fahrzeugmasse mit einem Multimeter prüfen (Spannungsmessung).
- Bei laufendem Motor pendelt der Wert zwischen 0,1 – 0,9 Volt – in Richtung 0,9 Volt sprechen die Werte für ein sehr fettes Gemisch.

- Zweipoliger Stecker der Lambdaheizung abziehen, Multimeter auf Spannungsmessung, gemessen wird der Stecker zum Steuergerät hin – hier muss bei laufendem Motor die Bordspannung angezeigt werden.

# DAS ÜBERSPANNUNGSSCHUTZRELAIS

Für sämtliche elektronischen Bauteile übernimmt das Überspannungsschutzrelais (ÜSR) die Stromversorgung, gleichzeitig schütz das ÜSR diese elektronischen Endverbraucher vor Spannungsspitzen und Verpolung. Bei der KA-Jetronic dient es in erster Linie das Steuergerät vor Überspannung zu schützen. Abhängig von der Motorisierung und der Ausstattung des Fahrzeuges gibt es unterschiedliche ÜSR. I.d.R. sind ist das ÜSR mit einer oder mit zwei Stecksicherungen ausgestattet.

1. Prf. ÜSR-Sichtprüfung und Kontrolle der Sicherungen.
    - Das ÜSR ist meist in der Nähe des Steuergerätes untergebracht (MB R107 Fußraum Beifahrer rechts über dem Sicherungskasten, MB W126 Im Motorraum entweder im Sicherungskasten oder an der Stirnwand)
    - Schutzabdeckung am ÜSR aufklappen und Sicherung/ Sicherungen kontrollieren.
    - ÜSR vom Sockel abziehen Pins auf Korrosion prüfen und festen Sitz des oberen (meist roten) Kunststoffrahmens zum Aluminiumgehäuse prüfen.

2. Prf. Funktion

- Multimeter auf Spannungsprüfung, geprüft wird der Sockel ÜSR.
- + an Buchse 15 und – an Batterie -, Zündung einschalten – Bordspannung muss anliegen.
- Spannung zwischen Buchse 31 und Batterie + messen, Zündung ist ausgeschaltet – es muss Bordspannung anliegen.
- Spannung zwischen Buchse 30 und Fahrzeugmasse prüfen – es muss Bordspannung anliegen.

Generell muss bei der Fehlersuche, Vergleichsprüfungen und Reparaturen an der K-Jetronic auf absolute Sauberkeit geachtet werden, kleinste Verunreinigungen können zu Fehlern oder Beschädigungen führen. Insbesondere der Mengenteiler ist ein sehr präzises Bauteil, Rost und Schmutz sollte auf gar keinen Umständen ins Innere gelangen.


An dieser Stelle sei nochmals gesagt:
Die hier beschriebenen Prüfungen ersetzen nicht die Herstellerliteratur bzw. die Werkstattfachliteratur. Zur Ermittlung der genauen Messwerte sind zwingend die Herstellerangaben zu beachten. Ungenügende Kenntnisse und fehlende Fachexpertise kann zu Beschädigung von Bauteilen führen und-/ oder der Komplettausfall der Anlage. Zudem kann unsachgemäße Handhabung zu Verletzungen oder sogar zum Tode führen. Im Zweifel immer eine Fachwerkstatt aufsuchen. Trotz umfangreicher Recherchen kann es zu Fehlern kommen. Es wird keinerlei Haftung oder Gewährleistung ferner irgendwelche Verantwortung übernommen!

Die Prüfungen in diesem Buch können als Videocontent auf YouTube @mercedes R107Schrauber.

Weitere Prüf- und Reparaturanleitungen:
Bei Amazon Suchbegriff: Jochen Jahn

Impressum
Jochen Jahn
R107 Schrauber

jj@R-107Schrauber.de

www.ingramcontent.com/pod-product-compliance
Lightning Source LLC
Chambersburg PA
CBHW050239230526
45470CB00005B/2017